LA

GRAPHOCHIROTHÉSIE

OU

INSTRUCTION

SUR

La position et les mouvemens de l'écrivain et sur
l'usage du Chirothès (poseur de la main)?

V

AVIS.

Tout exemplaire qui ne portera pas la signature de l'Auteur, sera réputé contrefait.

PRIX DES CHIROTHÈS.

Chirothès simple ou à tringles.................. 10 fr.
— à presseur mobile ou immobile........ 15
— à presseur et à charriot................ 25
— Universel......................... 30

Affranchir.

Soissons. --- Imprimerie de GILLES-GIBERT.

la Graphochirothésie,

OU

INSTRUCTION

SUR

La position et les mouvemens de l'écrivant et sur l'usage du Chirothès (poseur de la main).

SUIVIE D'EXERCICES

GRAPHOCHIROTHÉSIQUES,

Par C. L. Barrois,

Instituteur-Primaire-Communal, Membre de l'Académie de l'Industrie française, inventeur-breveté du Chirothès, inventeur du Stéréomorphe (compas des solides), du papier planchette, etc. Professeur d'écriture au pensionnat de la Ferté-Milon.

Qui veut la fin,
Veut les moyens.

Paris,

A LA LIBRAIRIE ÉLÉMENTAIRE DE E. DUCROCQ,
RUE HAUTEFEUILLE, N° 22.
ET A VILLERS-COTTERÊTS (AISNE),
CHEZ L'AUTEUR,
Où se trouve le CHIROTHÈS, ou poseur de la main.

1839.

EXTRAIT DU RAPPORT

FAIT

Au Comité des Manufactures de l'Académie de l'Industrie française,

SUR LE CHIROTHÈS OU POSEUR DE LA MAIN DE L'INVENTION DE M. BARROIS, POUR FACILITER L'ENSEIGNEMENT DE L'ÉCRITURE,

par

M. ODOLANT-DESNOS,

Secrétaire de ce Comité.

———

Depuis une quinzaine d'années nous sommes inondés de méthodes nouvelles pour montrer à écrire. Toutes, il est vrai, enseignent promptement à tracer sur le papier une longue suite de caractères ; mais peu d'entre elles donnent aux élèves une écriture nette et lisible. Aussi, que l'on compare quelques pages de ces anciennes écritures françaises sorties des mains des Barbed'Or, des Rossignol, des Saint-Omer et des Robin, avec celles d'écriture anglaise des plus forts écrivains, d'après les méthodes des Carstairs, des Favargers et autres professeurs de la nouvelle écriture, et, certes, l'œil sera bien plus flatté de la variété, de l'élégance et de la beauté de l'écriture des premiers calligraphes que de l'uniformité illisible de celle des derniers. Sans prendre parti pour les uns ou pour les autres, M. Barrois a cherché simplement à ramener l'enseignement à des principes presque tous connus, et à donner les mouvemens et la pose aux doigts, au bras et au poignet, par des moyens mécaniques. L'instrument inventé dans ce but par M. Barrois est appelé *Chirothès ou poseur de la main :* il se compose...... Au moyen de tout cet appareil. M. Barrois prétend habituer le bras et la main à prendre une position qu'ils ne perdent plus ensuite; mais à ce sujet nous ne pouvons nous prononcer, l'expérience de plusieurs années devant seule être une preuve positive de cette assertion ; seulement *les probabilités sont en sa faveur.* Aussi, messieurs, nous vous proposons de mentionner honorablement ce calligraphe lors de notre séance annuelle de 1837, afin d'encourager ses efforts à perfectionner l'enseignement d'un art qui déjà, comme la lecture, est un besoin pour les classes les plus pauvres de la société.

(*Lu et approuvé en séance, le 6 avril* 1837.)

EXTRAIT DU RAPPORT

FAIT

À la Société d'Enseignement Élémentaire,

Sur un instrument appelé *Chirothès*, de l'invention de M. *Barrois*, instituteur-communal de la ville de Villers-Cotterêts (Aisne), et sur la méthode d'écriture du même auteur (*La graphochirothésie*).

PAR

M. J. LECLERC, AINÉ,

Secrétaire du Comité des Méthodes, au nom de ce Comité, dans la séance du 19 septembre 1838.

MESSIEURS,

Organe du comité des Méthodes, je viens vous rendre compte de l'examen d'un petit appareil destiné à faciliter aux enfans les moyens d'acquérir une juste position de la main, et une bonne tenue de la plume. Cet instrument imaginé par M. Barrois, instituteur à Villers-Cotterêts, a d'abord été présenté à la société d'encouragemen pour l'industrie nationale qui l'a renvoyé à votre conseil.

M. Barrois frappé de la peine qu'éprouvent les enfans à tenir convenablement le bras, la main et les doigts lorsqu'ils commencent à écrire, et sachant par expérience, toutes les difficultés que l'on rencontre dans les écoles à donner une bonne position aux élèves des premières classes, a cherché les moyens de remédier à ces inconvéniens; l'appareil qu'il a imaginé atteindra-t-il le but, c'est ce que nous allons examiner; mais nous devons d'abord vous le faire connaître. Il consiste...

L'appareil de M. Barrois est accompagné d'un dessin explicatif, et d'une méthode d'écriture dont nous dirons aussi quelques mots.

Examinons maintenant si les procédés mécaniques peuvent atteindre le but qu'on se propose. En principe nous ne les aimons guère, nous les repoussons autant que possible de nos écoles que la malveillance accuse de ne former que de petits automates incapables de se servir de leur intelligence, nous préférons de beaucoup les moyens rationnels. *Cependant il est des circonstances où il ne nous parait nullement dangereux de faire venir les moyens mécaniques au secours du raisonnement, et s'il est permis de les employer quelquefois, c'est certainement lorsqu'il s'agit de rompre les doigts des enfans pour les habituer à une bonne tenue de la plume; nous ne pourrons les condamner absolumeut dans cette circonstance, car dans la pose de la main et les mouvemens des doigts, le raisonnement est certainemert néces- saire, mais l'habitude l'est bien davantage.* Ce se- ra assurément un grand service rendu à l'ins- truction élémentaire lorsque l'on aura trouvé le moyen d'éviter cette mauvaise tenue de la plume ou du crayon que j'ai toujours remarquée chez la plupart des enfans dans les visites que j'ai faites à différentes écoles, et l'on ne saurait trop encourager les instituteurs à faire tous leurs ef- forts pour mettre fin à ce grave inconvénient. A ce titre M. Barrois mérite certainement et des encouragemens et des éloges. *Son mécanisme peut atteindre le but qu'il se propose, il est même assez ingénieux et assez gradué,* puisqu'un enfant peut être exercé, d'abord sans écrire, puis en écrivant avec le presseur, puis avec une simple règle pour le mener à écrire seul. Le travail de l'auteur in- dique un maître laborieux et attentif à aplanir les difficultés aux enfans. Cependant hâtons-nous de le dire, l'application de son instrument à l'en- seignement d'une classe nous paraît bien difficile, et je dirai presque impossible. Il serait, je le crois, fructueusement employé dans l'enseignement in- dividuel. La multiplicité des objets qui le com- posent, tablettes, règles, tringles, charriot, etc. Voilà surtout ce qui en empêchera l'adoption dans une école et surtout dans une école gratuite *(a).*

(a) « Où la dépense est un grave inconvénient. » On pourrait

Nous pensons aussi que l'appareil pourrait être simplifié........

L'instrument de M. Barrois était accompagné d'un cahier manuscrit contenant des principes sur la tenue et la taille de la plume, sur les mouvemens du bras et de la main et sur les principes d'écriture. Ce travail est peut-être fait avec trop de détail, (*b*) et ne peut guère convenir qu'à ceux qui veulent approfondir l'art calligraphique; je ne pense pas qu'il soit destiné à des enfans. Dans ce cas, la rédaction ne m'en semblerait ni assez simple, ni assez claire. Il indique cependant, de la part de l'auteur, une grande étude de l'art d'écrire, art qu'il possède lui-même à un très haut degré. Les maîtres, les élèves avancés et ceux qui montrent de grandes dispositions pour la calligraphie, pourront certainement puiser d'excellens principes dans la méthode de M. Barrois. Je me permettrai cependant d'en critiquer le titre que je trouve trop prétentieux, trop long et trop difficile à prononcer. (La Graphochirothésie).

Je termine, Messieurs, en vous proposant de

---

n'en avoir qu'un par école. Il servirait à rendre palpables, évidentes les démonstrations du maître et il serait à la position et aux mouvemens de l'écrivant, ce qu'est en géométrie; la figure démonstrative à la proposition. (*Note de l'Auteur*).

(*b*) Ce qui abonde ne vicie pas. Celui qui ne pourra saisir la démonstration d'une manière, pourra, peut-être, la saisir d'une autre et ne devra quelquefois ses progrès qu'à cette surabondance. (*Note de l'Auteur*).

voter des remerciemens à M. Barrois, instituteur à Villers-Cotterêts, pour les efforts qu'il a faits afin d'améliorer l'enseignement de l'écriture, et pour le mécanisme qu'il a bien voulu vous soumettre, tout en regrettant de ne pouvoir l'adopter dans nos écoles. — *Adopté.*

Signé : J. LECLERC, rapporteur ; A DE LA LANDE-HADLEY, VIENNET.

Pour copie conforme :

Le Secrétaire-Général,
Signé : ALEXIS BEAU.

A Mes Collègues.

―――――

Tous les efforts de l'instituteur dont la vie est principalement consacrée à l'instruction de l'enfance, doivent tendre à aplanir autant qu'il est en lui, les difficultés, je dirais presque insurmontables, que rencontre l'enfance dans l'étude des connaissances nombreuses qu'elle a besoin d'acquérir, non pas seulement pour devenir savante, mais pour n'avoir que ce qui lui est strictement nécessaire de posséder pour les usages ordinaires de la vie sociale.

Parmi ces difficultés, je n'hésite pas à placer et à mettre au premier rang, la difficulté de pouvoir se servir facilement, gracieusement et promptement de sa main, soit pour écrire, soit pour dessiner, etc.

J'ai remarqué que généralement les élèves faisaient des progrès plus rapides, lorsqu'on pouvait, avant tout, leur parler aux yeux, en leur rendant en quelque sorte, les démonstrations palpables.

Enseignant à écrire depuis plus de vingt années, d'après toutes les méthodes connues jusqu'à ce jour, j'ai pu me convaincre qu'elles pêchent toutes par la base, attendu qu'elles ne donnent pas les moyens pratiques de poser et de placer la main d'une manière certaine et ceux de forcer les élèves à se servir de leurs doigts d'une manière uniforme ; par conséquent d'obtenir des résultats prompts et certains : car, qui veut la fin, doit aussi vouloir les moyens.

Les élèves auxquels je suis parvenu à donner une bonne position de main, sans secours mécaniques, ont toujours acquis une bonne écriture, seulement il leur a fallu un laps de temps assez long (c). C'est ce qui m'a engagé à rechercher s'il n'était pas possible de faire un appareil qui, en posant la main d'une manière naturelle et tout en maintenant les doigts dans une position convenable, laissât la liberté de tous les mouvemens nécessaires à l'écrivant et lui fit acquérir dans le

---

(c) Le temps est le plus couteux des capitaux. Cette dépense est surtout la ruine des petites bourses. *A. Dupuis.*

moins de temps possible ces mêmes mouvemens; tout en conservant à chacun le caractère d'écriture qui lui est propre (d).

Je crois avoir résolu ce problême et c'est fort de cette croyance qui est chez moi une conviction, que je présente aujourd'hui à mes *collègues* mon *chirothès* et ma *graphochirothésie* qui en est la conséquence naturelle, et qui déjà ont obtenu l'approbation de l'académie de l'industrie qui leur a accordé une mention honorable dans sa séance du 6 avril 1837, et celle de la société pour l'instruction élémentaire dans sa séance du 19 septembre 1838.

(d) Ce n'est pas à telles ou à telles méthodes sans doute que l'on doit les grands artistes; elles n'influent guère que sur le temps de leurs études. *A. Dupuis.*

LA

Graphochirothésie (e).

—◦○○○○○—

Théorie.

—◦◦◦○—

De la Plume.

Le tuyau A de la plume (fig. 1re) est un cylindre ; si je le coupe bien perpendiculairement à sa grosseur, dans le sens de sa largeur, j'obtiens un cercle B.

Si, après avoir fait cette opération, j'entre une

(e) L'enseignement du dessin linéaire (application usuelle de la géométrie) dans les écoles, m'a autorisé à me servir dans ce petit traité, de quelques constructions et développemens géométriques.

lame de canif dans l'épaisseur C (fig. 2.) de la circonférence du cercle B, je fais une fente plus ou
moins longue. Cette fente D a pour largeur E, l'épaisseur C du tuyau de la plume. C'est la ligne de fente
de cette *largeur* C que je considère comme ligne perpendiculaire à la tangente F que je suppose au cercle ou à l'arc du cercle formant la largeur G du bec
de la plume (partie entre les deux carnes).

Je fais alors le grand tail H (fig. 3.), j'évide les
carnes I I et je termine le bec J par un coup vif et
ferme d'un canif coupant bien. (1).

Une bonne plume et bien taillée est de la plus
grande importance pour bien écrire.

La plume est fendue afin que l'encre puisse couler
plus facilement et aussi afin qu'elle puisse faire ressort. C'est sur ce ressort de la plume et sur sa fente
qu'est basée la seule règle d'effet de plume que je
propose à mes élèves.

Le bec de la plume, au moyen de la fente, se
trouve composé de deux parties que l'on appelle
côtés.

Du Point.

On appelle point (fig. 4.), la marque que fait l'extrémité du bec de la plume chargé d'encre, sans au-
cun mouvement, c'est-à-dire, en posant le bec de la
plume sur le papier sans aucune pression.

Le point que la géométrie considère sans aucune
étendue, a besoin en écriture, comme effet de plume,
d'avoir plus ou moins de largeur.

De la largeur du point.

Procédé pour obtenir cette largeur. — Le bec de la plume, avons nous dit, est composé, au moyen de la fente, de deux parties, appelées côtés qui forment deux points séparés seulement par la fente, et, n'en faisant véritablement qu'un ; il ne s'agit donc, pour en obtenir, par un procédé quelconque, un point ayant de la largeur, que de les écarter (fig. 5.) et de réunir leur distance par une matière. La plus ordinairement employée est l'encre. C'est cette distance qui fait l'épaisseur (grosseur) du jambage.

Le bec de la plume étant ouvert, il n'est plus besoin, pour obtenir une ligne droite (fig. 6.) de cette épaisseur, que de conserver aux deux côtés du bec, la même ouverture, jusqu'à la place où l'on veut aller.

De la tenue de la plume.

Mise entre le pouce, l'index et le médium, la plume (fig. 7.) n'y doit être que soutenue, car on doit éviter de l'y serrer. Il existe seulement une pression analogue à celle que l'on fait lorsqu'on enfonce un instrument tranchant dans une matière que l'on veut diviser, par exemple, dans du cuir, si l'on ne veut qu'effleurer l'épiderme on n'appuie presque pas ; si, au contraire, on veut le couper entièrement on donne une pression proportionnée à l'épaisseur de la partie que l'on veut couper. Il en est de même de la plume sur laquelle on appuie comme si on voulait la faire entrer plus ou moins dans le papier suivant la grosseur du jambage que l'on veut obtenir. (2 et 3).

Des effets de la plume.

La plume est fendue, avons-nous dit, afin qu'elle puisse faire ressort et s'ouvrir ; ce qu'on peut exécuter sans la forcer (fig, 8), tant qu'elle suit la direction de sa fente ou plutôt qu'on trace avec elle une ligne droite qui n'est que la continuation de la ligne formée par la fente de son épaisseur.

De l'écartement du bec de la plume.

Voici les procédés que j'emploie pour habituer mes élèves à écarter les deux extrémités du bec de la plume et pour obtenir avec une plume fine, un jambage plus gros que le bec et carré à son point de départ.

1° Je fais tracer avec la plume, une ligne horizontale (fig. 9.) Je renouvelle cet exercice jusqu'à ce que l'élève fasse cette ligne d'une manière passable.

2° Je fais tracer la même ligne avec très peu d'encre, la main un peu renversée, (mouvement radio-cubital, rotation extérieure), alors je fais laisser à son extrémité à droite (fig. 10), l'angle du bec de la plume du côté des doigts qui est un peu plus long, seulement pour cet exercice ; puis relevant la main, (mouvement radio-cubital, rotation intérieure), je fais porter celui du côté du pouce, à la distance convenable à la grosseur du jambage que l'on veut obtenir. Le bec de la plume se trouve alors tout-à-fait adhérant au papier par superposition et la plume ne donne point de jambages éraillés ou bavochés.

Cet écartement obtenu, il ne reste plus, pour obtenir une ligne droite de la même valeur (jambage, fig. 11), qu'à conserver la même pression des doigts sur la plume afin que la ligne ait constamment la même épaisseur dans toute sa longueur.

On n'a besoin de cet effet de plume que pour l'écriture en gros faite avec une plume taillée en fin (4.).

Art de se servir de la plume.

L'art de se servir de la plume (écriture anglaise) consiste dans une force égale donnée à sa trace, pendant son parcours droit, et dans la même force obtenue et diminuée proportionnellement, suivant le parcours plus ou moins elliptique de cette trace.

RÈGLES.

Tant que vous suivez la direction perpendiculaire à la tangente (fig. 16), vous devez continuer la même pression pendant toute la longueur de votre ligne, afin de lui donner partout la même force (largeur).

Ne plus appuyer que progressivement (fig. 17.) aussitôt que vous vous éloignez de la perpendiculaire.

Si au contraire, vous en êtes éloigné, augmentez votre pression graduellement (fig. 18.) jusqu'à ce que vous ayez rejoint votre perpendiculaire. (5).

DES MOUVEMENS

Du poignet, des doigts, du bras, des épaules, et du tronc (6).

PREMIÈRE LEÇON.

PREMIER MOUVEMENT. — DU POIGNET.

Transport du poignet de bas en haut.

Les doigts tenant la plume sont sans mouvement, seulement ils sont poussés de bas en haut par le jeu de l'avant-bras et de la main, ayant pour point d'appui les deux derniers doigts et l'avant-bras au commencement de sa partie charnue qui ne doit qu'à peine effleurer le bord de la table en s'y posant. Ces doigts reviennent toujours à leur point de départ et ils ne doivent jamais s'en écarter.

DEUXIÈME LEÇON.

DEUXIÈME MOUVEMENT. — DES DOIGTS.

Mouvemens des doigts.

Le premier mouvement obtenu j'y ajoute un premier mouvement des doigts, tout-à-fait dans le même sens.

PREMIER MOUVEMENT DES DOIGTS.

Mouvement droit de bas en haut et de haut en bas.

Les doigts qui portent la plume n'ont qu'un même mouvement : celui de revenir constamment au point d'où il sont partis, c'est-à-dire que si le médium touchait, en partant, l'annulaire, il le devrait toucher à la même place à son retour. Ce mouvement est celui de la ligne tout-à-fait droite.

TROISIÈME LEÇON.

DEUXIÈME MOUVEMENT DES DOIGTS.

Mouvement circulaire.

Il existe un second mouvement des doigts, mouvement circulaire, nécessaire à la formation des lignes courbes ou à celle des parties de lignes courbes, qui s'obtient par le premier mouvement des doigts, à l'exception que l'auriculaire et l'annulaire ne restant pas pivotant sur un point fixe, tracent, pendant ce mouvement des doigts, une ligne, plus ou moins longue, parrallèle au bord de la table sur lequel glisse le bras, l'index et le médium insensiblement poussés par le pouce.

Cependant il est possible d'obtenir ce mouvement circulaire, sans déranger de place l'auriculaire et l'annulaire.

QUATRIÈME LEÇON.

TROISIÈME MOUVEMENT DES DOIGTS.

Mouvement horizontal.

Le pouce peut faire aller, de gauche à droite, les doigts tenant la plume avec lui et ceux-ci peuvent le ramener, sans qu'il y ait de gêne dans le mouvement des doigts, jusqu'à l'annulaire ; mais ils ne peuvent le conduire au-delà sans en éprouver (7).

Pour obtenir la ligne circulaire, il ne s'agit donc que de la faire dans l'intervalle que le pouce peut faire parcourir à l'index et au médium, dans leurs mouvemens d'abduction et d'adduction, sans les forcer. Ce que je fais faire avant tout pour ce mouvement.

Voyez les exercices graphochirothésiques, page 25.

CINQUIÈME LEÇON.

TROISIÈME MOUVEMENT. — DU BRAS DROIT.

Transport du bras droit.

Ce troisième mouvement consiste dans le transport parallèle du bras droit à la tangente au corps, et perpendiculaire à la table (écriture anglaise) pour obtenir des lettres parallèles et des lignes d'écriture droites et parallèles au côté de la table servant de

point d'appui ou plutôt de directeur à l'avant-bras.
Ce point de direction a pour distance celle du poignet à l'extrémité des doigts (l'auriculaire et l'annulaire) courbés sous la main pour lui servir de soutien.

Moyen d'obtenir ce transport.

Pour obtenir ce transport il faut faire glisser l'a-
vant-bras droit sur le bord de la table en l'effleurant
à peine, baisser insensiblement l'épaule ou plutôt
rentrer la hanche droite en ayançant et en abaissant
le haut du tronc vers la droite pour faciliter au bras
le parcours de la ligne que l'on veut tracer, afin qu'il
puisse conserver la même position jusqu'à son entière
exécution (8 et 9).

Il est très essentiel d'obtenir, pour écrire facilement, la simultanéité de ces divers mouvemens.

Lignes dont se compose l'écriture.

L'écriture est composée de lignes droites parallèles,
de lignes courbes ou plutôt de parties de lignes courbes semblables ou concentriques.

C'est donc à obtenir, dans le moins de temps possible, ce parallélisme et cette similitude que doivent
tendre toutes les méthodes ou procédés pour ensei-
gner à écrire.

Dans ce but j'ai exécuté un petit appareil que j'ai
nommé CHIROTHÈS (poseur de la main).

Voir le verso du titre et celui de la couverture.

DE LA POSITION DE L'ÉCRIVANT.

De la bonne position de l'*Écrivant* et de la facilité de ses mouvemens, dépend l'exécution prompte et facile de son écriture.

La hauteur du siége doit être telle que les jambes soient posées d'aplomb et que le dessus des cuisses soit horizontal. Le siége est placé un peu obliquement de manière à écarter, de la table, le côté droit du corps.

Dans cette position, la table a pour hauteur celle du plancher aux coudes, le tronc et les bras d'aplomb.

Le corps, placé d'aplomb, est tourné obliquement de manière que le côté gauche se trouve éloigné de la table de deux centimètres, et le droit de six ; le pied gauche est plus avancé sous la table que le droit ; les jambes sont tenues d'aplomb ; l'avant-bras gauche est placé parallèlement au bord de la table sur laquelle il pose en supportant le poids du corps ; la main gauche tient le papier et le fait monter, au besoin, verticalement, la tête est droite, seulement un peu penchée en avant, « et est aussi élevée que » la vue peut le permettre, si la tête était penchée » à droite, les lignes monteraient si, au contraire, » elle était penchée à gauche, les lignes descen- » draient ; » l'avant-bras droit, (*f*) placé (fig. 25) en-

(f) Poser avant tout l'avant-bras sur le bord de la table à la partie charnue du muscle palmaire, le coude plus bas que la table, fléchir le poignet pour abaisser la main, en allongeant l'auriculaire et l'annulaire.

L'écrivant ne saurait trop tôt prendre cette habitude.

tre C' C', suivant la ligne C, perpendiculaire au bord A B de la table I, y est soutenu, ainsi que la main, par l'auriculaire et l'annulaire posés en D D, ces doigts leur servent de support au point d'appui E, en formant sous la main, par leurs extrémités, un angle de 80°. Ils sont plus ou moins éloignés ou rapprochés de la perpendiculaire C, suivant la largeur de la main. Ce point d'appui E, centre de l'espace occupé par l'auriculaire et l'annulaire, est éloigné du bord A B de la table I, de deux fois la longueur du poignet à l'extrémité de ces deux doigts, lorsqu'ils sont courbés pour soutenir la main. La plume, mise, comme je l'ai dit, page 15, entre le pouce, l'index et le médium, y est placée de manière que ces doigts ne la font agir que dans le sens de la direction de la ligne perpendiculaire à sa tangente ; le papier préalablement disposé pour que le commencement des lignes soit en face de l'épaule droite, est perpendiculaire au bord de la table.

Alors pour obtenir promptement et facilement :

1° Le transport du poignet, de la main et du bras , de bas en haut et de haut en bas.

2° Le mouvement des doigts en ligne droite.

3° Le mouvement des doigts en ligne circulaire.

4° Le mouvement horizontal des doigts.

5° Le transport du bras droit, etc.

J'élève le poignet de l'*Écrivant* (voir le dessin du chirothès, fig. 1re C), jusqu'à ce que le médium ne touche plus l'annulaire (*g*). Ce dernier doigt ainsi

---

(*g*) « Si, dans cette position, l'index et le médium s'écartent,

que l'auriculaire sont tenus (chirothès fig. 1 et 3
G) par les extrémités au moyen d'un ressort flexible , afin de les habituer promptement à servir de
point d'appui à la main (*h*) et aussi afin de leur donner le ressort nécessaire aux mouvemens d'aller en
haut et de revenir en bas , de la main , du poignet ,
du bras et des doigts.

La main placée dans cette position et poussée de
bas en haut, les doigts qui tiennent la plume forment, par un mouvement qui leur est naturel alors,
au moyen de la plume, une ligne F (fig. 25) de
55° 30' de pente ; ils peuvent prolonger cette ligne
F an-delà de G , mais ils ne peuvent la descendre au-
dessous de H, l'annulaire et l'auriculaire s'y oppo-
sant. Le milieu des lettres qui n'ont qu'un corps et
qu'on appelle intérieures , doit répondre au centre
ou milieu de l'espace GH. Plus la ligne F s'élève au-
dessus de H (écriture en gros), plus l'avant-bras
aussi s'avance sur la table I; tout le bras doit se mouvoir en arrière par le jeu flexible des articulations
du coude et de l'épaule.

---

il faudra les lier, pendant quelques leçons, au milieu des 2° et
3° phalanges de chacun de ces doigts, pour les rapprocher, en
le faisant , toutefois de manière à ne pas gêner l'articulation. ,

(*h*) Remarquez que la force de pesée deviendrait presque de
nul effet et même fatiguante, si elle se faisait sentir ailleurs
qu'au bout de la plume.

Pratique.

EXERCICES GRAPHOCHIROTHÉSIQUES.

Je fais faire ensuite un point (fig. 1ʳᵉ) sur la ligne que l'on prend pour point de départ.

Parcours vertical des doigts.

Puis j'y fais ajouter (fig. 2) un autre point en haut, éloigné autant que les doigts peuvent le permettre. Je renouvelle, toujours sur les mêmes points, ces exercices jusqu'à ce que l'élève les fasse facilement.

Ensuite la plume posée sur la ligne de base, (fig. 3), je la fais relever pour former cette liaison.

Je fais descendre alors et remonter ensuite sur cette même liaison (fig. 4), je continue toujours ce même exercice jusqu'à ce que le mouvement de va et vient soit assez acquis.

Les exercices précédens se font d'abord sans mouvement des doigts et ensuite avec ce mouvement.

Parcours horizontal des doigts.

J'ai dit précédemment, page 20, que le pouce peut conduire l'index et le médium tenant la plume avec lui, de gauche à droite, et ces deux doigts le ramener au point de départ.

Je fais faire, pour habituer la main à ce mouvement, les mêmes exercices, les doigts poussés horizontalement, jusqu'à ce qu'ils ne puissent aller plus loin, sans que la main soit renversée ou gênée, premièrement sans le mouvement des doigts et secondement avec ce mouvement.

Premier exercice , fig. 5.

Les doigts poussés horizontalement sont portés à l'extrémité de leur parcours, de 1 en 2.

Deuxième exercice , fig. 6.

Les doigts ou plutôt la plume par les doigts, placée en 1, relevée en 2, poussée horizontalement en 3 et de là descendue en 4.

Troisième exercice, fig. 7.

Ce troisième exercice n'est que la répétition du deuxième, seulement les points sont plus rapprochés et ne s'éloignent que progressivement.

Les chiffres placés au-dessus des points indiquent la marche à suivre dans la construction.

Quatrième exercice, fig. 8.

Commençant au point 1, je vais de point en point comme l'indique la figure, en joignant chaque point à son correspondant, par une ligne.

Cinquième exercice, fig. 9.

Cet exercice consiste à faire aller la plume, sans la lever de 1 à 2 et à la faire revenir de 2 en 1, de manière à ce qu'on ne voie plus le papier. On peut faire cet exercice, toujours sur la même place, le plus longtemps possible, c'est-à-dire tant que l'écrivant n'a point acquis la liberté des mouvemens nécessaires à sa facile exécution.

EXERCICES SUR LA LIGNE CIRCULAIRE.

Premier exercice, fig. 10.

Je fais commencer en 1, ensuite remonter autant que la longueur des doigts de l'élève peut le permettre; je fais ensuite descendre jusqu'à ce que le médium touche à peine l'annulaire et remonter pour finir en 1.

Deuxième exercice, fig. 11.

Il se fait sur le premier en passant et en repassant sur la même ligne, jusqu'à ce que l'élève ait acquis assez de force pour le faire sans la moindre raideur de doigts.

Troisième exercice, fig. 12.

Cet exercice diffère du premier en ce que les panses opposées sont rapprochées autant qu'il est possible à l'élève de le faire.

Quatrième exercice, fig. 13.

Continuation du troisième en rapprochant autant que possible les panses en les enlaçant pour en remplir le parcours des doigts conduits par le pouce.

Cinquième exercice, fig. 14.

Les doigts placés à l'extrémité de leur parcours, les faire revenir en faisant le quatrième exercice en sens contraire.

Sixième exercice, fig. 15.

Réunion du quatrième exercice avec le cinquième

EXERCICES SUR LA LIGNE MIXTE.

La ligne mixte dans sa mutation du haut, se rapprochant de la perpendiculaire à la tangente et dans sa mutation du bas, s'en éloignant, a par conséquent, plus de pente que la ligne droite (jambage). Elle s'obtient par un mouvement d'extension dans l'abaissement des doigts, c'est-à-dire du pouce, de l'index et du médium et par un autre mouvement de flexion dans l'élévation de ces mêmes doigts portant la plume (*i*) et elle se construit de manière que son centre (la partie la plus forte), réunion des deux mutations, se trouve au milieu du parcours des doigts conduits par le pouce, et du mouvement de va et vient de ces doigts. Pour ce qui est de la panse de l'A, du C, du D, de l'E, du G, de l'O, du Q et de celle double de l'X, elles se construisent de la même manière (quant aux mouvemens de flexions.) Voyez page 17.

(*i*) Que l'élève doit avoir acquis en faisant les précédens exercices.

Premier exercice, fig. 16.

Je fais faire un point sur la ligne de base, puis j'y ajoute un point en haut, comme je l'ai précédemment indiqué, puis enfin un troisième au milieu qui sert de point de départ pour la formation de la ligne mixte.

Deuxième exercice, fig. 17.

Je fais ensuite passer et repasser légèrement sur la même ligne le plus longtemps possible sans laisser lever la plume.

Nota. — Faire faire les deux exercices précédens à l'extrémité du parcours,

Troisième exercice, fig. 18.

N'est que le premier exercice remplissant le parcours.

Quatrième exercice, fig. 19.

Le parcours commencé à son extrémité, est rempli de gauche à droite.

Cinquième exercice, fig. 20.

Réunion du troisième et du quatrième exercices.

Sixième exercice, fig. 21. — *Septième exercice*, fig. 21 bis.

Au commencement du parcours.

Huitième exercice, fig. 22. — *Neuvième exercice*, fig. 22 bis.

Doivent être commencés à l'extrémité du parcours.

Tous ces exercices peuvent se faire soit au crayon, soit à la plume. On peut même commencer par les calquer, au moyen d'un papier transparent, ainsi que ceux qui suivent.

AVIS.

Après ces exercices il convient de mettre en pratique ce que j'ai dit page 17, pour les fig. 16, 17 et 18 planche 1ʳᵉ, théorie, si vous reconnaissez quelques dispositions à votre élève ; dans le cas contraire, je vous conseille de le faire passer aux lettres, sans aucune pression sur les jambages et déliés, la plume comme suspendue par le mouvement de flexion dans l'élévation des doigs : en faisant toutefois précéder ce passage aux lettres et aux mots des trois exercices suivans dont les deux premiers ne sont que la répétition des figures 3 et 4.

1° La liaison, fig. 23.

2° La liaison et la rentrée dans la liaison avec pression progressive, fig. 24.

3° La liaison, la rentrée dans la liaison et le retour à la pointe extrême de la liaison, en l'en détachant un peu, fig. 25.

On peut même à la rigueur, si l'on ne veut donner

à son élève qu'une bonne écriture usuelle, se contenter de le faire commencer par les trois exercices qui précèdent, dont la réunion contient les élémens de l'écriture avec très peu de modifications pour les lettres bouclées, etc.

La pente de l'écriture et sa facile exécution dépendent beaucoup de cette liaison, fig. 23 ; ce qui a été senti par certains calligraphes anciens qui faisaient toujours précéder d'une liaison les premières lettres des mots.

DES LETTRES.

1° *Deux à deux*, fig. 26.

En les faisant exécuter aussi longues et aussi rapprochées qu'il est possible à l'élève de le faire.

2° *Autant que les doigts pourront en faire dans leur parcours, sans gêne*, fig. 27.

Il est inutile, je pense, de rappeler que dans les exercices précédens, l'auriculaire et l'annulaire ne changent pas de place et que le papier doit monter perpendiculairement afin que chaque lettre se trouve l'une sous l'autre, comme les nombres d'une addition arithmétique.

TRANSLATION DE L'AVANT-BRAS DROIT.

En écrivant, le mouvement de pression du pouce

sur la plume est insensible, il ne devient sensible que lorsqu'on veut poursuivre la ligne d'écriture au-delà du parcours des doigts, sans faire glisser le bras, comme je l'ai expliqué théoriquement, pages 19 et 20.

PRATIQUE.

Troisième mouvement, transport du bras droit.

L'annulaire et l'auriculaire toujours tenus comme en G, (chirothès, fig. 3). Je fais porter le bras droit par un charriot (Chirothès, fig. 8), glissant parallèlement au bord inférieur de la table, en faisant exécuter les exercices qui sont déjà connus, de la manière suivante, c'est-à-dire, sur toute la ligne, fig. 28, afin de conserver la même position, au commencement, au milieu et à la fin du même mot et de la même ligne.

Ce charriot donne au bras la facilité d'exécuter les mouvemens d'abduction et d'adduction qui lui sont nécessaires pour écrire des lignes d'écriture sans lever la plume, pendant le parcours de chacune d'elles (exercices), ou de chacun des mots (exécution) dont ces lignes se trouvent composées.

Je passe aux mots.

1° A lettres intérieures, fig. 29.

2° A lettres intérieures et à lettres extérieures, fig. 30.

En rapprochant les jambages autant qu'il est pos-

sible et les rendant moins hauts, progressivement et
en ayant soin de faire écrire :

1° Sans mouvemens de doigts.

2° Avec leurs mouvemens.

Enfin je débarrasse la main et le bras de leurs
entraves et je fais glisser l'annulaire et l'auriculaire
entre deux lignes parallèles (A', Chirothès, fig. 12),
pour ne point les livrer brusquement à eux-mêmes.
Alors le bras doit glisser, avec aisance, sur l'extrémité
de l'annulaire et de l'auriculaire à chaque translation
de la plume. Les déliés et les liaisons doivent se dessiner nettement, à partir de la fin ou du commencement de chaque jambage.

POSITIONS

Pour les écritures ronde, gothique, batarde, et coulée.

La position que j'ai donnée page 20 et suivantes, ap-
partient spécialement à l'écriture anglaise qui est la
plus penchée de toutes les écritures.

La fig. 26, planche première, théorie, donne la
position qui convient à l'écriture ronde et à l'écriture
gothique qui sont perpendiculaires. Quant à la bâtarde et à la coulée qui ont moins de pente que l'anglaise
et plus que la ronde et la gothique qui n'en ont
pas, leur position est intermédiaire entre celle de
l'anglaise et celle de la gothique et de la ronde, c'est-
à-dire que le bras forme avec le bord de la table, un

2.

angle de 81°, 33', 50'', la pente de ces écritures étant
de 63°, 26', 10''. Cette figure est la même que la 25ᵉ,
si ce n'est que le point E sur lequel pivotent l'auriculaire et l'annulaire, en formant un angle de 43°, est
plus rapproché du bord de la table, sa propriété
étant de s'en éloigner plus ou moins d'après la pente
de l'écriture. L'avant-bras droit, dans cette figure,
suit l'inclinaison de la ligne C de 55°, 30'.

Le siége et le corps sont parallèles au bord inférieur de la table.

La ronde et la gothique demandant que la plume
soit placée plus verticalement que pour les autres écritures, le poignet doit être plus élevé pour donner à
la plume la position verticale qui lui convient.

NOTES.

1. Page 14. — La fente de la plume est considérée comme ayant deux dimensions : longueur et largeur. La longueur dans le sens de la longueur du tube de la plume et la largeur dans celui (le sens) de l'épaisseur de ce même tube. C'est cette largeur de la fente de cette épaisseur que j'appelle ligne perpendiculaire à la tangente.

Je vais tacher de rendre cette démonstration sensible par la description de la *Plume apodictique*, fig. 4.

A. Tuyau ou tube de la plume.

B. Cercle formé par la plume coupée verticalement à sa longueur.

C. Épaisseur de la circonférence du cercle B.

D. Ligne de la fente du tube de la plume (longueur).

E. Ligne de fente de l'épaisseur du tube de la plume, (largeur·)

F. Tangente au cercle B et sa perpendiculaire F'.

On place cette perpendiculaire F' dans la fente D pour bien faire sentir l'effet de la plume dans la continuité de la ligne droite E formée par la fente de l'épaisseur de son tube.

G. Largeur du bec de la plume.

H. Grand tail.

II. Carnes.

J. Angle de l'extrémité du bec de la plume dont l'ouverture doit être calculée sur la ligne droite que doivent former, après l'ouverture de la fente de cette plume, les deux côtés de cet angle, lorsqu'ils seront superposés et appuyés sur une surface plane.

LL. Charnières des carnes s'ouvrant à tête de compas.

MM. Ressorts appuyant sur les carnes I J, qui ne permettent d'ouvrir ces carnes qu'au moyen de la pesée sur le bec.

N. Partie réservée et allongée, du tuyau de la plume, entre le haut des carnes, pour les maintenir dans la direction de la fente, lorsqu'on ne fait pas agir cette plume.

2. page 15. — *Manière de tenir la plume.*

« La plume se tient avec les extrémités des trois doigts, le pouce, le majeur et l'index mollement fléchis.

Le majeur se place vis-à-vis le grand tail de la

plume, l'index coule naturellement sur ce dernier
doigt, et le pouce le soutient un peu au-dessous de
la dernière articulation de l'index, en l'appuyant légèrement sur la première phalange de ce doigt. On
laisse un peu d'espace entre l'extrémité de ces deux
doigts, pour faciliter leur flexion.

Pour la bâtarde et la coulée, le haut de la plume
passe sur le milieu de la troisième phalange de l'index; la plume sera tenue un peu plus droite pour la
ronde, et pour l'anglaise plus penchée. L'auriculaire
et l'annulaire se trouvent dessous, et s'éloignent du
majeur de six lignes environ pour ne pas gêner la
flexion des autres. Ces doigts réunis posent légèrement sur le papier, afin que le dégagement s'exécute
facilement.

Il faut éviter de trop serrer la plume entre les doigts,
pour ne pas rendre les mouvemens pénibles et durs.

Les commençants feraient bien de laisser la plume dans toute sa longueur, je veux dire de ne pas
retrancher le plumet ; il donne à l'écrivain plus de
grâce, et sert à l'avertir, s'il se penche trop sur la
table.　　　　　(*Manuel du maître d'école.*)

3. page 15. — *Tenue de la plume en Anglaise.*

« Tenez-la de manière qu'elle ne soit pas trop
couchée dans les doigts, appuyez le tuyau vers le milieu de la phalange supérieure de l'index, dépassez
le bec de la plume d'environ six lignes à l'extrémité
du doigt majeur, en observant que, pour former les
pleins et les liaisons, la plume ne doit jamais tourner

dans les doigts. Pour former de bons pleins, appuyez l'index sur la plume, et pour former les liaison, dirigez la plume avec le pouce de gauche à droite, en ayant soin de la soutenir avec le doigt majeur pour obtenir la légèreté des déliés ; ayez toujours soin de porter aussi les deux côtés du bec de la plume sur le papier, car un délié produit par un seul côté égratigne le papier en remontant. » *(Idem)*.

4. Page 17. — *Positions de la plume*.

« On entend par positions de la plume, les manières dont le bec de la plume se trouve placé sur le papier par rapport à la ligne horizontale. Elles se réduisent à quatre, savoir : la position verticale ou à face, la position oblique descendante, la position horizontale ou de travers, et enfin la position oblique montante.

La plume est dans la position verticale ou à face, lorsque son bec, justement adapté à la ligne horizontale, produit un plein parfait vertical, et un délié horizontal par son tranchant, fig. 12.

Elle est dans la position oblique descendante lorsque son bec, un peu incliné sur la ligne horizontale, produit un délié oblique et un plein moins large que le plein parfait, fig. 13.

Elle est dans la position horizontale ou de travers, lorsqu'elle produit un plein parfait horizontal et un délié vertical, fig. 14.

Elle est dans la position oblique montante, quand elle produit un plein parfait, en montant obliquement de gauche à droite, et un délié oblique, en descendant de gauche à droite, fig. 15.

La première, la troisième et la quatrième de ces positions, servent pour les lettres capitales et les traits d'ornemens. La première position peut encore servir pour l'anglaise. La deuxième position ou la position oblique descendante est la plus usitée, puisqu'elle sert à exécuter les trois genres, la bâtarde, la coulée et la ronde : on peut donner à cette dernière plus d'obliquité. » (*Idem*).

5. Page 17. — *Des effets de la plume.*

« On entend par effets de la plume, cette variété de grosseur et de finesse que la trace de la plume présente dans la conrbe de l'O, etc.

On ne distingue que deux effets de plume, le plein et le délié ; cependant on distingue encore avec raison le plein naissant et le plein finissant comme intermédiaires entre les deux premiers.

Le plein comprend en général tous les effets que la plume peut produire, à l'exception du délié et de la liaison. — Le plein parfait est le trait dont la grosseur est égale à la largeur du bec de la plume qui le produit. — Le délié est un trait menu produit par le tranchant de la plume.

Le plein naissant est la gradation dans laquelle le délié augmente progressivement de grosseur en décrivant une courbe pour arriver au plein.

Le plein finissant est la diminution du plein par gradation pour revenir au délié.

Le délié (j) et la liaison peuvent être facilement confondus à cause de leur ressemblance : ces deux effets diffèrent beaucoup néanmoins l'un de l'autre ; le délié est l'effet des deux angles de la plume marchant sur son tranchant et faisant partie de la lettre elle-même ; tandis que la liaison n'est produite que par l'angle de la plume, et ne sert qu'à lier les lettres et les mots entr'eux. »   (*Idem*).

6. page 18. — *Du mouvement.*

« On distingue ordinairement deux espèces de mouvemens : le mouvement des doigts et le mouvement du bras. — On forme le mouvement des doigts en les pliant et les dépliant, et en les transportant de droite à gauche et de gauche à droite, comme quand on forme des lettres mineures ou des majeures d'un petit caractère. — Le mouvement du bras que l'on appelle grand mouvement, sert à former les lettres capitales et les traits d'ornemens ; on le produit le bras levé, en traînant avec lui, dans le même sens , la main qui effleure légèrement la surface du papier.

Les obstacles que les commençans éprouvent ordinairement à ces exercices, et en général à l'action d'écrire, peuvent se réduire à trois principaux :

Le premier vient des attitudes défectueuses ;

(j) Le délié est un jambage affaibli qui sert de transition entre le jambage et la liaison. Il commence (mutation du haut) où finit la liaison et finit où commence le jambage ou il commence (mutation du bas) où finit le jambage et finit où commence la liaison.

Le second, de l'effort trop considérable du bras et de la main sur la table.

Le troisième, de l'excès de force employée inutilement à serrer la plume entre les doigts.

Ces défauts paralysent nécessairement le mouvement, et s'opposent à la souplesse et à la légèreté de la main. » (*Idem*).

7. page 20. » La main est capable de toutes sortes de mouvemens au poignet qui sont pourtant fort modérés, car lorsqu'on lui fait faire quelque flexion de contorsion, c'est par le moyen des deux os de l'avant-bras qui lui prêtent alors leur secours ; on peut aussi remarquer que le mouvement des doigts n'est jamais naturel qu'en dedans de la main. »

(*Manuel du dessinateur.*)

8. page 21. — *Application du compas aux mouvemens.*

Le compas, fig. 19, est un instrument composé de deux lignes appelées *branches* qui se rapprochent ou s'éloignent en s'articulant au tour d'un point de réunion nommé *tête*. Les branches à leurs extrémités opposées à la tête sont terminées en *pointes*.

Application à la main en écrivant.

L'auriculaire et l'annulaire servant de point d'appui, *une branche* ; le pouce, l'index et le médium, tenant la plume, *l'autre branche* ; le point de réunion entre les phalanges et le métacarpe, *la tête du compas*.

Un des principaux usages du compas est de mesurer ou de prendre la distance d'un point à un autre point, pourvu que ces points ne soient pas, l'un de l'autre à une distance plus grande que la longueur des branches ouvertes, pour faire une ligne droite ; le compas ne pouvant mesurer qu'une ligne droite égale à deux fois la longueur de chacune de ses branches ou chacune des divisions de cette ligne.

Quand donc on veut mesurer une ligne droite avec un compas, voici ce qui a lieu : On place, en appuyant un peu, une des pointes du compas, fig. 20, au commencement de la ligne , on éloigne l'autre jusqu'au point où l'on veut aller ; alors la tête du compas se trouve placée perpendiculairement au centre des pointes du compas.

Application : c'est ce qui a lieu en traçant un jambage, l'auriculaire et l'annnulaire restent en un point ; le pouce, l'index et le médium portent la plume aussi loin qu'ils peuvent s'étendre, ou qu'il est nécessaire de le faire ; le point de réunion des phalanges et du métacarpe avance aussi autant qu'il est nécessaire pour y parvenir, (écriture en gros et grandes lettres majuscules). Même application à l'épaule , comme tête de compas, dans le transport de l'avant-bras droit.

Si la tête du compas, fig. 21, restait toujours au même point, il serait impossible de prendre cette distance, car la pointe que l'on éloignerait, s'élèverait au lieu d'aller joindre ou de marquer l'autre point.

Application : cette propriété est avantageuse à la main en écrivant en fin ; ce qui fait que le point de réunion des phalanges et du métacarpe avance fort peu, surtout chez les personnes qui écrivent en fléchissant les doigts ; il n'en est pas de même chez celles qui écrivent du bras.

Une autre propriété du compas, fig. 22, est le tracé de la circonférence du cercle ou de ses arcs. Pour tracer cette circonférence avec un compas, il faut placer une des pointes, appuyer dessus de manière qu'elle ne se dérange pas de la place ou plutôt du point que l'on a choisi et que l'on marque avec elle et l'y maintenir ; alors on porte l'autre pointe à la distance que l'on a déterminée, pour y tracer la périphérie ou la partie dont on a besoin. On remarquera que la pesée sur cette dernière pointe doit être moindre que celle sur la pointe pivotant, sur le point marqué (centre), comme dans une crapaudine, car, si elle était la même, on risquerait de couper le papier, et, si elle était plus forte, le point de centre se dérangerait, on élevrait alors la branche qui servait de point d'appui, l'autre, par ce mouvement deviendrait ce même point d'appui.

Application : Il en est de même en écrivant ; l'auriculaire et l'annulaire doivent seuls porter le poids du bras droit et les autres doigts, tenant la plume, doivent agir librement et avec légèreté.

Si une des branches du compas, fig. 23, est plus courte que l'autre, la tête du compas, en mesurant une ligne droite, n'est pas perpendiculaire au milieu de cette ligne, ce qui a lieu quand on met une allonge à l'une des branches.

Application : C'est ainsi que la main se trouve disposée dans sa position pour écrire où le pouce, l'index et le médium ont la propriété de s'allonger et de se contrac'er et de plus sont armés de la plume qui les allonge encore. L'auriculaire et l'annulaire, ployés sous la main, en se fléchissant ou se roidissant, abaissent ou élèvent plus ou moins la réunion des phalanges et du métacarpe suivant le parcours plus ou moins haut de la plume.

9. page 21. — *Application du levier aux mouvemens et aux effets de la plume.*

Premier mouvement. Je considère le bras comme un levier inflexible et sans pesanteur, seulement il agit comme le levier D C, fig. 24. — D C et sa tige A B peuvent se mouvoir de D en d', de A en a' et de C en c'. La tige A B, quoique restant en B, conduit, en abaissant A en a', le point D en d'; et, en le ramenant (le point D) au point de départ, ce mouvement de va et vient fait occuper successivement au point D et au corps E, les différens points de l'espace compris entre D et d', au moyen de l'articulation des bras C A et A D en A. — La masse E a marqué à cause de son poids, son passage sur l'espace D d'. — La main et le bras sont considérés comme étant le levier D C, ayant une tige A B qui a pour appui le point B sur lequel ils peuvent agir comme sur un pivot.

Deuxième mouvement. — Premier mouvement des doigts.

Nous avons vu qu'au moyen du mouvement (articulation) du bras A D du levier D C en a, les différens points de l'espace compris entre D et d, étaient occupés successivement ; — que la masse ou corps E, à cause de son poids, avait laissé une trace, une marque de son passage sur cet espace.

Ce poids ou corps est ce qu'on appelle la puissance ; en écriture elle n'existe pas comme dans la figure 24, il faut donc la créer en pesant sur la plume, tenue solidement (écriture grosse) comme le ferait le poids E, ou comme on appuie un cachet que l'on veut imprimer pour vaincre la résistance (écriture, l'écartement du bec de la plume).

Lorsque je veux presser un objet j'y mets une force plus ou moins grande suivant que la résistance que j'éprouve est plus ou moins considérable ou suivant l'aplatissement ou la densité que je veux obtenir. (En écriture la grosseur du jambage). Si, dans le parcours de D en d je veux obtenir une marque de la même force, il suffira de laisser toujours le même poids ; si au contraire, je désire obtenir une force moindre de D en F j'y mets un poids moins lourd, etc. — En écriture, pression moins grande et progressive pour le délié et presque nulle pour la liaison.

Supposons que le bras AB du levier DC soit flexible et qu'il puisse ramener le point D au point B, tout en conservant le mouvement de va et vient décrit plus haut, nous avons obtenu le premier mouvement des doigts.

Deuxième mouvement des doigts.

Si, par un procédé quelconque nous avons pu rendre le bras AB, susceptible d'allongement et de contraction, il nous sera facile d'obtenir le deuxième mouvement des doigts, etc.

Application pratique. (Notes 8 et 9.)

Lorsqu'on écrit, avec une plume, la *puissance* est dans les doigts qui pèsent sur la plume ; la *résistance* est à l'extrémité du bec de cette plume, et le *point d'appui* est à l'extrémité de l'auriculaire et de l'annulaire.

FIN.

TABLE.

FIN DE LA TABLE.

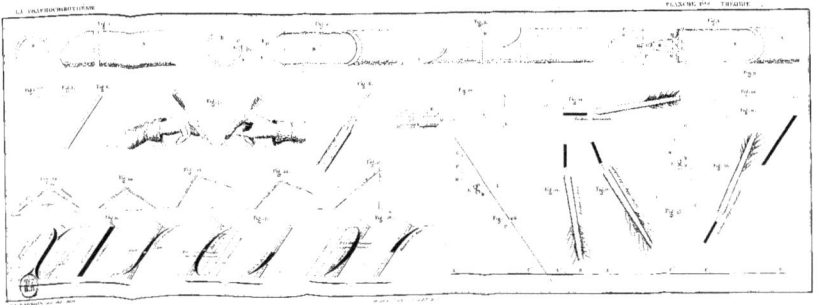

durdes affliction après alphab a usage iniquité &

88

www.ingramcontent.com/pod-product-compliance
Lightning Source LLC
Chambersburg PA
CBHW050526210326
41520CB00012B/2464